| 년 도 : |
| 일련번호 : |

초경량 비행장치 개인 비행 기록부

−초경량무인비행장치: 무인멀티콥터/무인헬리콥터/무인비행기/무인비행선

- 성　　명 :
- 자격번호 :
- 자격기종 :
- 한정사항 :

비행경력증명서 기재요령

1. **흑색** 또는 **청남색**으로 바르게 기재해야 합니다.
2. ①항은 **년. 월. 일**로 기재해야 합니다. (예-07.01.01)
3. ②항은 해당 일자의 **총 비행횟수**를 기재합니다.
4. ③항은 해당 **초경량비행장치 종류**(무인비행기, 무인헬리콥터, 무인멀티콥터, 무인비행선), **형식**(모델명), **신고번호**, 해당일자에 비행 할 당시 초경량비행장치의 **최종인증검사일**을 기재합니다.

    ※ 안전성인증검사 면제대상인 기체는 최종인증검사일에 "면제"로 기재할 것.

    ※ 자체중량(연료제외)과 최대이륙중량은 지방항공청에 신고할 때 중량을 기재할 것

5. ④항 비행장소는 해당 비행장치로 **비행한 장소**를 기재합니다. *예: 경북 김천
6. ⑤항 비행시간(hrs)은 해당일자에 비행한 총 비행시간을 **시간(HOUR)** 단위로 기재

    ※ 시간(HOUR) 단위 기재 예시 : 48분일 경우 → 시간단위로 환산(48÷60)하여 0.8로 기재, 소수 둘째자리부터 버림

7. ⑥항 비행임무별 비행시간은 다음과 같습니다.
    - **기장시간**: 조종자증명을 받은 사람은 단독 또는 지도조종자와 함께 비행한 시간을 기재하고, 조종자증명을 받지 않은 사람은 지도조종자의 교육하에 단독으로 비행한 시간을 **시간(HOUR)** 단위로 기재
    - **훈련시간**: 지도조종자와 함께 비행한 교육시간을 **시간(HOUR) 단위**로 기재
    - **교관시간**: 지도조종자가 비행교육을 목적으로 교육생을 실기교육한 **비행**시간을 **시간(HOUR)단위**로 기재
8. ⑦항은 **조종자증명을 받은 사람**은 비행목적을 기재하고, **조종자증명을 받지 않은 사람**은 훈련내용을 기재합니다.
9. ⑧항은 **조종자증명을 받지 않은 사람**은 비행 교육을 실시한 지도조종자의 성명, 자격번호 및 서명을 기재해야 합니다.

주 의 사 항

1. 해당 일자에 초경량비행장치 최종인증검사일로부터 유효기간이 경과된 비행장치로 행한 비행시간은 인정되지 않습니다.(인증검사 면제대상인 기체 제외)
2. 비행임무별 비행시간 중 훈련시간은 지도조종자로부터 교육을 받은 시간만 비행경력으로 인정합니다.
3. 접수된 서류는 일체 반환하지 않으며, 시험(심사)에 합격한 후 허위기재 사실이 발견되거나 또는 응시자격에 해당되지 않는 경우에는 합격을 취소합니다.

비행경력증명서 작성 예시

▶ **전문교육기관에서 발급하는 경우**

① 전문교육기관장이 발급자인 경우

- 교육생 '홍길동', 전문교육기관명 '철수드론교육원', 전문교육기관장 '김철수', 지도조종자 '고길동'으로 가정
  * 지도조종자 고길동은 철수드론교육원의 소속 교관
- 교육생 홍길동은 '18.5.3에 초경량비행장치 조종자증명을 취득한 것으로 가정

[별지 제2-1호 서식] 〈개정 2016.12.22., 2017.04.18〉

비 행 경 력 증 명 서

1. 성명: 홍길동   2. 소속: 한국000000   3. 생년월일(주민등록번호/여권번호): 75.05.01   4. 연락처: 010-0000-0000

① 일자	② 비행횟수	③ 초경량비행장치					④ 비행장소	⑤ 비행시간	⑥ 임무별 비행시간				⑦ 비행목적(훈련내용)	⑧ 지도조종자		
		종류	형식	신고번호	최종인증검사일	자체중량(kg)	최대이륙중량(kg)			기장	훈련	교관	소계		성명	자격번호	서명
'18.5.2	2	무인헬리콥터	R-MAX	S7000A	'18.4.30	15.1	25.1	경북 김천	0.5	-	0.5	-	0.5	원주비행	고길동	91-000000	고길동
'18.5.3	3	무인헬리콥터	R-MAX	S7000	'18.4.30	15.1	25.1	경북 김천	0.7	0.7	-	-	0.7	삼각비행	고길동	91-000000	고길동
'18.5.4	4	무인헬리콥터	R-MAX	S7000	'18.4.30	15.1	25.1	경북 김천	1	1	-	-	1	종합비행	-	-	-
계	9	-	-	-	-	-	-	-	2.2	1.7	0.5	-	2.2	-	-	-	-

초경량비행장치 조종자 증명 운영세칙 제9조에 따라 비행경력을 증명합니다.

발급일: '18.5.8   발급기관명/주소: 철수드론교육원 / 경북 김천시 혁신6로   발급자: 철수드론교육원장 김철수(직인)   전화번호: 054-459-0000

〈예시〉

비 행 경 력 증 명 서

1. 성명: 홍길동   2. 소속: 항공교육원   3. 생년월일(주민등록번호/여권번호) : 1987.*.*   4. 연락처: 010-1234-5678

① 일자	② 비행 횟수	③ 초경량비행장치						④ 비행 장소	⑤ 비행 시간	⑥ 임무별 비행시간				⑦ 비행목적 (훈련내용)	⑧ 지도조종자		
		종류	형식	신고번호	최종인증 검사일	자체중량 (kg)	최대이륙 중량(kg)			기장	훈련	교관	소계		성명	자격번호	서명
17.7.7	3	무인회전익	TG123	S700	15.12.12			서울	0.25		0.25		0.25	이착륙	홍길동		
계																	

초경량비행장치 조종자 증명 운영세칙 제9조에 따라 비행경력을 증명합니다.

발급일: 발급기관명/주소   발급자   (인)   전화번호:

② 전문교육기관장 이외의 자가 발급하는 경우

- 교육생 '홍길동', 전문교육기관명 '철수드론교육원', 전문교육기관장 '김철수', 지도조종자 '고길동'으로 가정
  * 지도조종자 고길동은 철수드론교육원의 소속 교관
- 교육생 홍길동은 '18.5.3에 초경량비행장치 조종자증명을 취득한 것으로 가정

[별지 제2-1호 서식] 〈개정 2016.12.22., 2017.04.18〉

비 행 경 력 증 명 서

1. 성명: 홍길동　　2. 소속: 한국000000　　3. 생년월일(주민등록번호/여권번호): 75.05.01　　4. 연락처: 010-0000-0000

① 일자	② 비행 횟수	③ 초경량비행장치						④ 비행 장소	⑤ 비행 시간	⑥ 임무별 비행시간				⑦ 비행목적 (훈련내용)	⑧ 지도조종자		
		종류	형식	신고번호	최종인증 검사일	자체중량 (kg)	최대이륙 중량(kg)			기장	훈련	교관	소계		성명	자격번호	서명
'18.5.2	2	무인헬리콥터	R-MAX	S7000A	'18.4.30	15.1	25.1	경북 김천	0.5	-	0.5	-	0.5	원주비행	고길동	91-000000	고길동
'18.5.3	3	무인헬리콥터	R-MAX	S7000	'18.4.30	15.1	25.1	경북 김천	0.7	0.7	-	-	0.7	삼각비행	고길동	91-000000	고길동
'18.5.4	4	무인헬리콥터	R-MAX	S7000	'18.4.30	15.1	25.1	경북 김천	1	1	-	-	1	종합비행	-	-	-
계	9	-	-	-	-	-	-	-	2.2	1.7	0.5	-	2.2	-	-	-	-

초경량비행장치 조종자 증명 운영세칙 제9조에 따라 비행경력을 증명합니다.

발급일: '18.5.8　　발급기관명/주소: 철수드론교육원 / 경북 김천시 혁신6로

발급자: 철수드론교육원장 김철수(직인) 철수드론교육원 지도조종자 고길동(날인)　　전화번호: 054-459-0000 / 010-000-0000

▶ 사설교육기관(초경량비행장치사용사업자)에서 발급하는 경우

① 지도조종자와 발급자가 동일한 경우

- 교육생 '홍길동', 사설교육기관명 '영수드론아카데미', 지도조종자 '고길동'으로 가정하여 작성
  * 지도조종자 고길동은 영수드론아카데미의 소속 교관

- 교육생 홍길동은 '18.5.3에 초경량비행장치 조종자증명을 취득한 것으로 가정

[별지 제2-1호 서식] 〈개정 2016.12.22., 2017.04.18〉

비 행 경 력 증 명 서

1. 성명: 홍길동　　2. 소속: 한국000000　　3. 생년월일(주민등록번호/여권번호): 75.05.01　　4. 연락처: 010-0000-0000

① 일자	② 비행 횟수	③ 초경량비행장치					④ 비행 장소	⑤ 비행 시간	⑥ 임무별 비행시간				⑦ 비행목적 (훈련내용)	⑧ 지도조종자		
		종류	형식	신고번호	최종인증 검사일	자체중량 (kg)	최대이륙 중량(kg)			기장	훈련	교관	소계		성명	자격번호	서명
'18.5.2	2	무인멀티콥터	VANDI-A1	S7000B	면제	12.9	22.9	경북 김천	0.5	-	0.5	-	0.5	원주비행	고길동	91-000000	고길동
'18.5.3	3	무인멀티콥터	VANDI-A1	S7000B	면제	12.9	22.9	경북 김천	0.7	0.7	-	-	0.7	삼각비행	고길동	91-000000	고길동
'18.5.4	4	무인멀티콥터	VANDI-A1	S7000B	면제	12.9	22.9	경북 김천	1	1	-	-	1	종합비행	-	-	-
계	9	-	-	-	-	-	-	-	2.2	1.7	0.5	-	2.2	-	-	-	-

초경량비행장치 조종자 증명 운영세칙 제9조에 따라 비행경력을 증명합니다.

발급일: '18.5.8　　발급기관명/주소: 영수드론아카데미 / 경북 김천시 혁신6로

발급자: 영수드론아카데미 지도조종자 고길동(날인)　　전화번호: 054-459-0000 / 010-000-0000

② 지도조종자와 발급자가 다른 경우

- 교육생 '홍길동', 사설교육기관명 '영수드론아카데미', 지도조종자 '고길동, 김영수'로 가정하여 작성
  * 지도조종자 고길동과 김영수는 영수드론아카데미의 소속 교관
- 교육생 홍길동은 '18.5.3에 초경량비행장치 조종자증명을 취득한 것으로 가정

[별지 제2-1호 서식] 〈개정 2016.12.22., 2017.04.18〉

비 행 경 력 증 명 서

1. 성명: 홍길동   2. 소속: 한국000000   3. 생년월일(주민등록번호/여권번호): 75.05.01   4. 연락처: 010-0000-0000

① 일자	② 비행횟수	③ 초경량비행장치						④ 비행장소	⑤ 비행시간	⑥ 임무별 비행시간				⑦ 비행목적 (훈련내용)	⑧ 지도조종자		
		종류	형식	신고번호	최종인증검사일	자체중량(kg)	최대이륙중량(kg)			기장	훈련	교관	소계		성명	자격번호	서명
'18.5.2	2	무인멀티콥터	VANDI-AI	S7000B	면제	12.9	22.9	경북 김천	0.5	-	0.5	-	0.5	원주비행	고길동	91-000000	고길동
'18.5.3	3	무인멀티콥터	VANDI-AI	S7000B	면제	12.9	22.9	경북 김천	0.7	0.7	-	-	0.7	삼각비행	고길동	91-000000	고길동
'18.5.4	4	무인멀티콥터	VANDI-AI	S7000B	면제	12.9	22.9	경북 김천	1	1	-	-	1	종합비행	-	-	-
계	9	-	-	-	-	-	-	-	2.2	1.7	0.5	-	2.2	-	-	-	-

초경량비행장치 조종자 증명 운영세칙 제9조에 따라 비행경력을 증명합니다.

발급일: '18.5.8   발급기관명/주소: 영수드론아카데미 / 경북 김천시 혁신6로

발급자: 영수드론아카데미 지도조종자(자격번호) 김영수(날인)   전화번호: 054-459-0000 / 010-000-0000

초경량 비행장치 개인 비행 기록부

① 일자	② 비행 횟수	③ 초경량비행장치							④ 비행 장소	⑤ 비행 시간	⑥ 임무별 비행시간				⑦ 비행목적 (훈련내용)	⑧ 지도조종자		
		종류	형식	신고번호	최종인증 검사일	자체중량 (kg)	최대이륙 중량(kg)				기장	훈련	교관	소계		성명	자격번호	서명
/																		
/																		
/																		
/																		
/																		
/																		
/																		
/																		
/																		
/																		
/																		
/																		
/																		
/																		
/																		
계																		
누계																		

초경량 비행장치 개인 비행 기록부

① 일자	② 비행 횟수	③ 초경량비행장치							④ 비행 장소	⑤ 비행 시간	⑥ 임무별 비행시간				⑦ 비행목적 (훈련내용)	⑧ 지도조종자		
		종류	형식	신고번호	최종인증 검사일	자체중량 (kg)	최대이륙 중량(kg)				기장	훈련	교관	소계		성명	자격번호	서명
/																		
/																		
/																		
/																		
/																		
/																		
/																		
/																		
/																		
/																		
/																		
/																		
/																		
/																		
계																		
누계																		

초경량 비행장치 개인 비행 기록부

① 일자	② 비행 횟수	③ 초경량비행장치						④ 비행 장소	⑤ 비행 시간	⑥ 임무별 비행시간				⑦ 비행목적 (훈련내용)	⑧ 지도조종자		
		종류	형식	신고번호	최종인증 검사일	자체중량 (kg)	최대이륙 중량(kg)			기장	훈련	교관	소계		성명	자격번호	서명
/																	
/																	
/																	
/																	
/																	
/																	
/																	
/																	
/																	
/																	
/																	
/																	
/																	
/																	
/																	
계																	
누계																	

초경량 비행장치 개인 비행 기록부

① 일자	② 비행 횟수	③ 초경량비행장치						④ 비행 장소	⑤ 비행 시간	⑥ 임무별 비행시간				⑦ 비행목적 (훈련내용)	⑧ 지도조종자		
		종류	형식	신고번호	최종인증 검사일	자체중량 (kg)	최대이륙 중량(kg)			기장	훈련	교관	소계		성명	자격번호	서명
/																	
/																	
/																	
/																	
/																	
/																	
/																	
/																	
/																	
/																	
/																	
/																	
/																	
/																	
계																	
누계																	

초경량 비행장치 개인 비행 기록부

① 일자	② 비행 횟수	③ 초경량비행장치						④ 비행 장소	⑤ 비행 시간	⑥ 임무별 비행시간				⑦ 비행목적 (훈련내용)	⑧ 지도조종자		
		종류	형식	신고번호	최종인증 검사일	자체중량 (kg)	최대이륙 중량(kg)			기장	훈련	교관	소계		성명	자격번호	서명
/																	
/																	
/																	
/																	
/																	
/																	
/																	
/																	
/																	
/																	
/																	
/																	
/																	
/																	
/																	
계																	
누계																	

초경량 비행장치 개인 비행 기록부

① 일자	② 비행 횟수	③ 초경량비행장치						④ 비행 장소	⑤ 비행 시간	⑥ 임무별 비행시간				⑦ 비행목적 (훈련내용)	⑧ 지도조종자		
		종류	형식	신고번호	최종인증 검사일	자체중량 (kg)	최대이륙 중량(kg)			기장	훈련	교관	소계		성명	자격번호	서명
/																	
/																	
/																	
/																	
/																	
/																	
/																	
/																	
/																	
/																	
/																	
/																	
/																	
/																	
/																	
계																	
누계																	

초경량 비행장치 개인 비행 기록부

① 일자	② 비행 횟수	③ 초경량비행장치							④ 비행 장소	⑤ 비행 시간	⑥ 임무별 비행시간				⑦ 비행목적 (훈련내용)	⑧ 지도조종자		
		종류	형식	신고번호	최종인증 검사일	자체중량 (kg)	최대이륙 중량(kg)				기장	훈련	교관	소계		성명	자격번호	서명
/																		
/																		
/																		
/																		
/																		
/																		
/																		
/																		
/																		
/																		
/																		
/																		
/																		
/																		
계																		
누계																		

초경량 비행장치 개인 비행 기록부

① 일자	② 비행 횟수	③ 초경량비행장치							④ 비행 장소	⑤ 비행 시간	⑥ 임무별 비행시간				⑦ 비행목적 (훈련내용)	⑧ 지도조종자		
		종류	형식	신고번호	최종인증 검사일	자체중량 (kg)	최대이륙 중량(kg)				기장	훈련	교관	소계		성명	자격번호	서명
/																		
/																		
/																		
/																		
/																		
/																		
/																		
/																		
/																		
/																		
/																		
/																		
/																		
계																		
누계																		

초경량 비행장치 개인 비행 기록부

① 일자	② 비행 횟수	③ 초경량비행장치						④ 비행 장소	⑤ 비행 시간	⑥ 임무별 비행시간				⑦ 비행목적 (훈련내용)	⑧ 지도조종자		
		종류	형식	신고번호	최종인증 검사일	자체중량 (kg)	최대이륙 중량(kg)			기장	훈련	교관	소계		성명	자격번호	서명
/																	
/																	
/																	
/																	
/																	
/																	
/																	
/																	
/																	
/																	
/																	
/																	
/																	
/																	
계																	
누계																	

초경량 비행장치 개인 비행 기록부

① 일자	② 비행 횟수	③ 초경량비행장치						④ 비행 장소	⑤ 비행 시간	⑥ 임무별 비행시간				⑦ 비행목적 (훈련내용)	⑧ 지도조종자		
		종류	형식	신고번호	최종인증 검사일	자체중량 (kg)	최대이륙 중량(kg)			기장	훈련	교관	소계		성명	자격번호	서명
/																	
/																	
/																	
/																	
/																	
/																	
/																	
/																	
/																	
/																	
/																	
/																	
/																	
/																	
계																	
누계																	

초경량 비행장치 개인 비행 기록부

① 일자	② 비행 횟수	③ 초경량비행장치						④ 비행 장소	⑤ 비행 시간	⑥ 임무별 비행시간				⑦ 비행목적 (훈련내용)	⑧ 지도조종자		
		종류	형식	신고번호	최종인증 검사일	자체중량 (kg)	최대이륙 중량(kg)			기장	훈련	교관	소계		성명	자격번호	서명
/																	
/																	
/																	
/																	
/																	
/																	
/																	
/																	
/																	
/																	
/																	
/																	
/																	
/																	
계																	
누계																	

초경량 비행장치 개인 비행 기록부

① 일자	② 비행횟수	③ 초경량비행장치							④ 비행장소	⑤ 비행시간	⑥ 임무별 비행시간				⑦ 비행목적 (훈련내용)	⑧ 지도조종자		
		종류	형식	신고번호	최종인증 검사일	자체중량 (kg)	최대이륙 중량(kg)				기장	훈련	교관	소계		성명	자격번호	서명
/																		
/																		
/																		
/																		
/																		
/																		
/																		
/																		
/																		
/																		
/																		
/																		
/																		
/																		
계																		
누계																		

초경량 비행장치 개인 비행 기록부

① 일자	② 비행 횟수	③ 초경량비행장치							④ 비행 장소	⑤ 비행 시간	⑥ 임무별 비행시간				⑦ 비행목적 (훈련내용)	⑧ 지도조종자		
		종류	형식	신고번호	최종인증 검사일	자체중량 (kg)	최대이륙 중량(kg)				기장	훈련	교관	소계		성명	자격번호	서명
/																		
/																		
/																		
/																		
/																		
/																		
/																		
/																		
/																		
/																		
/																		
/																		
/																		
/																		
계																		
누계																		

초경량 비행장치 개인 비행 기록부

① 일자	② 비행 횟수	③ 초경량비행장치						④ 비행 장소	⑤ 비행 시간	⑥ 임무별 비행시간				⑦ 비행목적 (훈련내용)	⑧ 지도조종자		
		종류	형식	신고번호	최종인증 검사일	자체중량 (kg)	최대이륙 중량(kg)			기장	훈련	교관	소계		성명	자격번호	서명
/																	
/																	
/																	
/																	
/																	
/																	
/																	
/																	
/																	
/																	
/																	
/																	
/																	
/																	
/																	
계																	
누계																	

초경량 비행장치 개인 비행 기록부

① 일자	② 비행 횟수	③ 초경량비행장치							④ 비행 장소	⑤ 비행 시간	⑥ 임무별 비행시간				⑦ 비행목적 (훈련내용)	⑧ 지도조종자		
		종류	형식	신고번호	최종인증 검사일	자체중량 (kg)	최대이륙 중량(kg)			기장	훈련	교관	소계		성명	자격번호	서명
/																	
/																	
/																	
/																	
/																	
/																	
/																	
/																	
/																	
/																	
/																	
/																	
/																	
/																	
계																	
누계																	

초경량 비행장치 개인 비행 기록부

① 일자	② 비행 횟수	③ 초경량비행장치							④ 비행 장소	⑤ 비행 시간	⑥ 임무별 비행시간				⑦ 비행목적 (훈련내용)	⑧ 지도조종자		
		종류	형식	신고번호	최종인증 검사일	자체중량 (kg)	최대이륙 중량(kg)			기장	훈련	교관	소계		성명	자격번호	서명
/																	
/																	
/																	
/																	
/																	
/																	
/																	
/																	
/																	
/																	
/																	
/																	
/																	
/																	
계																	
누계																	

초경량 비행장치 개인 비행 기록부

① 일자	② 비행 횟수	③ 초경량비행장치						④ 비행 장소	⑤ 비행 시간	⑥ 임무별 비행시간				⑦ 비행목적 (훈련내용)	⑧ 지도조종자		
		종류	형식	신고번호	최종인증 검사일	자체중량 (kg)	최대이륙 중량(kg)			기장	훈련	교관	소계		성명	자격번호	서명
/																	
/																	
/																	
/																	
/																	
/																	
/																	
/																	
/																	
/																	
/																	
/																	
/																	
/																	
계																	
누계																	

초경량 비행장치 개인 비행 기록부

① 일자	② 비행 횟수	③ 초경량비행장치							④ 비행 장소	⑤ 비행 시간	⑥ 임무별 비행시간					⑦ 비행목적 (훈련내용)	⑧ 지도조종자		
		종류	형식	신고번호	최종인증 검사일	자체중량 (kg)	최대이륙 중량(kg)			기장	훈련	교관	소계		성명	자격번호	서명
/																	
/																	
/																	
/																	
/																	
/																	
/																	
/																	
/																	
/																	
/																	
/																	
/																	
/																	
/																	
계																	
누계																	

초경량 비행장치 개인 비행 기록부

① 일자	② 비행 횟수	③ 초경량비행장치							④ 비행 장소	⑤ 비행 시간	⑥ 임무별 비행시간				⑦ 비행목적 (훈련내용)	⑧ 지도조종자		
		종류	형식	신고번호	최종인증 검사일	자체중량 (kg)	최대이륙 중량(kg)				기장	훈련	교관	소계		성명	자격번호	서명
/																		
/																		
/																		
/																		
/																		
/																		
/																		
/																		
/																		
/																		
/																		
/																		
/																		
/																		
/																		
계																		
누계																		

20

초경량 비행장치 개인 비행 기록부

① 일자	② 비행 횟수	③ 초경량비행장치						④ 비행 장소	⑤ 비행 시간	⑥ 임무별 비행시간				⑦ 비행목적 (훈련내용)	⑧ 지도조종자		
		종류	형식	신고번호	최종인증 검사일	자체중량 (kg)	최대이륙 중량(kg)			기장	훈련	교관	소계		성명	자격번호	서명
/																	
/																	
/																	
/																	
/																	
/																	
/																	
/																	
/																	
/																	
/																	
/																	
/																	
/																	
/																	
계																	
누계																	

초경량 비행장치 개인 비행 기록부

① 일자	② 비행 횟수	③ 초경량비행장치							④ 비행 장소	⑤ 비행 시간	⑥ 임무별 비행시간				⑦ 비행목적 (훈련내용)	⑧ 지도조종자		
		종류	형식	신고번호	최종인증 검사일	자체중량 (kg)	최대이륙 중량(kg)				기장	훈련	교관	소계		성명	자격번호	서명
/																		
/																		
/																		
/																		
/																		
/																		
/																		
/																		
/																		
/																		
/																		
/																		
/																		
/																		
계																		
누계																		

초경량 비행장치 개인 비행 기록부

① 일자	② 비행 횟수	③ 초경량비행장치							④ 비행 장소	⑤ 비행 시간	⑥ 임무별 비행시간				⑦ 비행목적 (훈련내용)	⑧ 지도조종자		
		종류	형식	신고번호	최종인증 검사일	자체중량 (kg)	최대이륙 중량(kg)			기장	훈련	교관	소계		성명	자격번호	서명
/																	
/																	
/																	
/																	
/																	
/																	
/																	
/																	
/																	
/																	
/																	
/																	
/																	
/																	
/																	
계																	
누계																	

초경량 비행장치 개인 비행 기록부

① 일자	② 비행 횟수	③ 초경량비행장치							④ 비행 장소	⑤ 비행 시간	⑥ 임무별 비행시간				⑦ 비행목적 (훈련내용)	⑧ 지도조종자		
		종류	형식	신고번호	최종인증 검사일	자체중량 (kg)	최대이륙 중량(kg)				기장	훈련	교관	소계		성명	자격번호	서명
/																		
/																		
/																		
/																		
/																		
/																		
/																		
/																		
/																		
/																		
/																		
/																		
/																		
/																		
/																		
계																		
누계																		

초경량 비행장치 개인 비행 기록부

① 일자	② 비행 횟수	③ 초경량비행장치							④ 비행 장소	⑤ 비행 시간	⑥ 임무별 비행시간				⑦ 비행목적 (훈련내용)	⑧ 지도조종자		
		종류	형식	신고번호	최종인증 검사일	자체중량 (kg)	최대이륙 중량(kg)			기장	훈련	교관	소계		성명	자격번호	서명
/																	
/																	
/																	
/																	
/																	
/																	
/																	
/																	
/																	
/																	
/																	
/																	
/																	
/																	
/																	
계																	
누계																	

초경량 비행장치 개인 비행 기록부

① 일자	② 비행 횟수	③ 초경량비행장치							④ 비행 장소	⑤ 비행 시간	⑥ 임무별 비행시간					⑦ 비행목적 (훈련내용)	⑧ 지도조종자		
		종류	형식	신고번호	최종인증 검사일	자체중량 (kg)	최대이륙 중량(kg)			기장	훈련	교관	소계		성명	자격번호	서명
/																	
/																	
/																	
/																	
/																	
/																	
/																	
/																	
/																	
/																	
/																	
/																	
/																	
/																	
계																	
누계																	

초경량 비행장치 개인 비행 기록부

① 일자	② 비행 횟수	③ 초경량비행장치							④ 비행 장소	⑤ 비행 시간	⑥ 임무별 비행시간				⑦ 비행목적 (훈련내용)	⑧ 지도조종자		
		종류	형식	신고번호	최종인증 검사일	자체중량 (kg)	최대이륙 중량(kg)				기장	훈련	교관	소계		성명	자격번호	서명
/																		
/																		
/																		
/																		
/																		
/																		
/																		
/																		
/																		
/																		
/																		
/																		
/																		
/																		
/																		
계																		
누계																		

초경량 비행장치 개인 비행 기록부

① 일자	② 비행 횟수	③ 초경량비행장치						④ 비행 장소	⑤ 비행 시간	⑥ 임무별 비행시간				⑦ 비행목적 (훈련내용)	⑧ 지도조종자		
		종류	형식	신고번호	최종인증 검사일	자체중량 (kg)	최대이륙 중량(kg)			기장	훈련	교관	소계		성명	자격번호	서명
/																	
/																	
/																	
/																	
/																	
/																	
/																	
/																	
/																	
/																	
/																	
/																	
/																	
/																	
/																	
계																	
누계																	

초경량 비행장치 개인 비행 기록부

① 일자	② 비행 횟수	③ 초경량비행장치							④ 비행 장소	⑤ 비행 시간	⑥ 임무별 비행시간				⑦ 비행목적 (훈련내용)	⑧ 지도조종자		
		종류	형식	신고번호	최종인증 검사일	자체중량 (kg)	최대이륙 중량(kg)			기장	훈련	교관	소계		성명	자격번호	서명
/																	
/																	
/																	
/																	
/																	
/																	
/																	
/																	
/																	
/																	
/																	
/																	
/																	
/																	
계																	
누계																	

초경량 비행장치 개인 비행 기록부

① 일자	② 비행 횟수	③ 초경량비행장치							④ 비행 장소	⑤ 비행 시간	⑥ 임무별 비행시간				⑦ 비행목적 (훈련내용)	⑧ 지도조종자		
		종류	형식	신고번호	최종인증 검사일	자체중량 (kg)	최대이륙 중량(kg)			기장	훈련	교관	소계		성명	자격번호	서명
/																	
/																	
/																	
/																	
/																	
/																	
/																	
/																	
/																	
/																	
/																	
/																	
/																	
/																	
계																	
누계																	

초경량 비행장치 개인 비행 기록부

① 일자	② 비행 횟수	③ 초경량비행장치						④ 비행 장소	⑤ 비행 시간	⑥ 임무별 비행시간				⑦ 비행목적 (훈련내용)	⑧ 지도조종자		
		종류	형식	신고번호	최종인증 검사일	자체중량 (kg)	최대이륙 중량(kg)			기장	훈련	교관	소계		성명	자격번호	서명
/																	
/																	
/																	
/																	
/																	
/																	
/																	
/																	
/																	
/																	
/																	
/																	
/																	
/																	
/																	
계																	
누계																	

초경량 비행장치 개인 비행 기록부

① 일자	② 비행 횟수	③ 초경량비행장치							④ 비행 장소	⑤ 비행 시간	⑥ 임무별 비행시간				⑦ 비행목적 (훈련내용)	⑧ 지도조종자		
		종류	형식	신고번호	최종인증 검사일	자체중량 (kg)	최대이륙 중량(kg)			기장	훈련	교관	소계		성명	자격번호	서명
/																	
/																	
/																	
/																	
/																	
/																	
/																	
/																	
/																	
/																	
/																	
/																	
/																	
/																	
/																	
계																	
누계																	

초경량 비행장치 개인 비행 기록부

① 일자	② 비행 횟수	③ 초경량비행장치							④ 비행 장소	⑤ 비행 시간	⑥ 임무별 비행시간				⑦ 비행목적 (훈련내용)	⑧ 지도조종자		
		종류	형식	신고번호	최종인증 검사일	자체중량 (kg)	최대이륙 중량(kg)				기장	훈련	교관	소계		성명	자격번호	서명
/																		
/																		
/																		
/																		
/																		
/																		
/																		
/																		
/																		
/																		
/																		
/																		
/																		
/																		
/																		
계																		
누계																		

초경량 비행장치 개인 비행 기록부

① 일자	② 비행 횟수	③ 초경량비행장치						④ 비행 장소	⑤ 비행 시간	⑥ 임무별 비행시간				⑦ 비행목적 (훈련내용)	⑧ 지도조종자		
		종류	형식	신고번호	최종인증 검사일	자체중량 (kg)	최대이륙 중량(kg)			기장	훈련	교관	소계		성명	자격번호	서명
/																	
/																	
/																	
/																	
/																	
/																	
/																	
/																	
/																	
/																	
/																	
/																	
/																	
/																	
/																	
계																	
누계																	

초경량 비행장치 개인 비행 기록부

① 일자	② 비행 횟수	③ 초경량비행장치						④ 비행 장소	⑤ 비행 시간	⑥ 임무별 비행시간				⑦ 비행목적 (훈련내용)	⑧ 지도조종자		
		종류	형식	신고번호	최종인증 검사일	자체중량 (kg)	최대이륙 중량(kg)			기장	훈련	교관	소계		성명	자격번호	서명
/																	
/																	
/																	
/																	
/																	
/																	
/																	
/																	
/																	
/																	
/																	
/																	
/																	
/																	
/																	
계																	
누계																	

초경량 비행장치 개인 비행 기록부

① 일자	② 비행 횟수	③ 초경량비행장치							④ 비행 장소	⑤ 비행 시간	⑥ 임무별 비행시간				⑦ 비행목적 (훈련내용)	⑧ 지도조종자		
		종류	형식	신고번호	최종인증 검사일	자체중량 (kg)	최대이륙 중량(kg)				기장	훈련	교관	소계		성명	자격번호	서명
/																		
/																		
/																		
/																		
/																		
/																		
/																		
/																		
/																		
/																		
/																		
/																		
/																		
/																		
/																		
계																		
누계																		

초경량 비행장치 개인 비행 기록부

① 일자	② 비행 횟수	③ 초경량비행장치						④ 비행 장소	⑤ 비행 시간	⑥ 임무별 비행시간				⑦ 비행목적 (훈련내용)	⑧ 지도조종자		
		종류	형식	신고번호	최종인증 검사일	자체중량 (kg)	최대이륙 중량(kg)			기장	훈련	교관	소계		성명	자격번호	서명
/																	
/																	
/																	
/																	
/																	
/																	
/																	
/																	
/																	
/																	
/																	
/																	
/																	
/																	
/																	
계																	
누계																	

초경량 비행장치 개인 비행 기록부

① 일자	② 비행 횟수	③ 초경량비행장치							④ 비행 장소	⑤ 비행 시간	⑥ 임무별 비행시간				⑦ 비행목적 (훈련내용)	⑧ 지도조종자		
		종류	형식	신고번호	최종인증 검사일	자체중량 (kg)	최대이륙 중량(kg)				기장	훈련	교관	소계		성명	자격번호	서명
/																		
/																		
/																		
/																		
/																		
/																		
/																		
/																		
/																		
/																		
/																		
/																		
/																		
/																		
/																		
계																		
누계																		

초경량 비행장치 개인 비행 기록부

① 일자	② 비행 횟수	③ 초경량비행장치							④ 비행 장소	⑤ 비행 시간	⑥ 임무별 비행시간				⑦ 비행목적 (훈련내용)	⑧ 지도조종자		
		종류	형식	신고번호	최종인증 검사일	자체중량 (kg)	최대이륙 중량(kg)			기장	훈련	교관	소계		성명	자격번호	서명
/																	
/																	
/																	
/																	
/																	
/																	
/																	
/																	
/																	
/																	
/																	
/																	
/																	
/																	
계																	
누계																	

초경량 비행장치 개인 비행 기록부

① 일자	② 비행 횟수	③ 초경량비행장치							④ 비행 장소	⑤ 비행 시간	⑥ 임무별 비행시간				⑦ 비행목적 (훈련내용)	⑧ 지도조종자		
		종류	형식	신고번호	최종인증 검사일	자체중량 (kg)	최대이륙 중량(kg)				기장	훈련	교관	소계		성명	자격번호	서명
/																		
/																		
/																		
/																		
/																		
/																		
/																		
/																		
/																		
/																		
/																		
/																		
/																		
/																		
/																		
계																		
누계																		

초경량 비행장치 개인 비행 기록부

① 일자	② 비행 횟수	③ 초경량비행장치						④ 비행 장소	⑤ 비행 시간	⑥ 임무별 비행시간				⑦ 비행목적 (훈련내용)	⑧ 지도조종자		
		종류	형식	신고번호	최종인증 검사일	자체중량 (kg)	최대이륙 중량(kg)			기장	훈련	교관	소계		성명	자격번호	서명
/																	
/																	
/																	
/																	
/																	
/																	
/																	
/																	
/																	
/																	
/																	
/																	
/																	
/																	
/																	
계																	
누계																	

초경량 비행장치 개인 비행 기록부

① 일자	② 비행 횟수	③ 초경량비행장치						④ 비행 장소	⑤ 비행 시간	⑥ 임무별 비행시간				⑦ 비행목적 (훈련내용)	⑧ 지도조종자		
		종류	형식	신고번호	최종인증 검사일	자체중량 (kg)	최대이륙 중량(kg)			기장	훈련	교관	소계		성명	자격번호	서명
/																	
/																	
/																	
/																	
/																	
/																	
/																	
/																	
/																	
/																	
/																	
/																	
/																	
/																	
/																	
계																	
누계																	

초경량 비행장치 개인 비행 기록부

① 일자	② 비행 횟수	③ 초경량비행장치						④ 비행 장소	⑤ 비행 시간	⑥ 임무별 비행시간				⑦ 비행목적 (훈련내용)	⑧ 지도조종자		
		종류	형식	신고번호	최종인증 검사일	자체중량 (kg)	최대이륙 중량(kg)			기장	훈련	교관	소계		성명	자격번호	서명
/																	
/																	
/																	
/																	
/																	
/																	
/																	
/																	
/																	
/																	
/																	
/																	
/																	
/																	
계																	
누계																	

초경량 비행장치 개인 비행 기록부

① 일자	② 비행 횟수	③ 초경량비행장치							④ 비행 장소	⑤ 비행 시간	⑥ 임무별 비행시간				⑦ 비행목적 (훈련내용)	⑧ 지도조종자		
		종류	형식	신고번호	최종인증 검사일	자체중량 (kg)	최대이륙 중량(kg)				기장	훈련	교관	소계		성명	자격번호	서명
/																		
/																		
/																		
/																		
/																		
/																		
/																		
/																		
/																		
/																		
/																		
/																		
/																		
/																		
계																		
누계																		

초경량 비행장치 개인 비행 기록부

① 일자	② 비행 횟수	③ 초경량비행장치							④ 비행 장소	⑤ 비행 시간	⑥ 임무별 비행시간				⑦ 비행목적 (훈련내용)	⑧ 지도조종자		
		종류	형식	신고번호	최종인증 검사일	자체중량 (kg)	최대이륙 중량(kg)			기장	훈련	교관	소계		성명	자격번호	서명
/																	
/																	
/																	
/																	
/																	
/																	
/																	
/																	
/																	
/																	
/																	
/																	
/																	
/																	
/																	
계																	
누계																	

초경량 비행장치 개인 비행 기록부

① 일자	② 비행 횟수	③ 초경량비행장치							④ 비행 장소	⑤ 비행 시간	⑥ 임무별 비행시간				⑦ 비행목적 (훈련내용)	⑧ 지도조종자		
		종류	형식	신고번호	최종인증 검사일	자체중량 (kg)	최대이륙 중량(kg)			기장	훈련	교관	소계		성명	자격번호	서명
/																	
/																	
/																	
/																	
/																	
/																	
/																	
/																	
/																	
/																	
/																	
/																	
/																	
/																	
계																	
누계																	

초경량 비행장치 개인 비행 기록부

① 일자	② 비행 횟수	③ 초경량비행장치							④ 비행 장소	⑤ 비행 시간	⑥ 임무별 비행시간				⑦ 비행목적 (훈련내용)	⑧ 지도조종자		
		종류	형식	신고번호	최종인증 검사일	자체중량 (kg)	최대이륙 중량(kg)			기장	훈련	교관	소계		성명	자격번호	서명
/																	
/																	
/																	
/																	
/																	
/																	
/																	
/																	
/																	
/																	
/																	
/																	
/																	
/																	
/																	
계																	
누계																	

초경량 비행장치 개인 비행 기록부

① 일자	② 비행횟수	③ 초경량비행장치						④ 비행장소	⑤ 비행시간	⑥ 임무별 비행시간				⑦ 비행목적 (훈련내용)	⑧ 지도조종자		
		종류	형식	신고번호	최종인증 검사일	자체중량 (kg)	최대이륙 중량(kg)			기장	훈련	교관	소계		성명	자격번호	서명
/																	
/																	
/																	
/																	
/																	
/																	
/																	
/																	
/																	
/																	
/																	
/																	
/																	
/																	
계																	
누계																	

초경량 비행장치 개인 비행 기록부

① 일자	② 비행 횟수	③ 초경량비행장치							④ 비행 장소	⑤ 비행 시간	⑥ 임무별 비행시간				⑦ 비행목적 (훈련내용)	⑧ 지도조종자		
		종류	형식	신고번호	최종인증 검사일	자체중량 (kg)	최대이륙 중량(kg)			기장	훈련	교관	소계		성명	자격번호	서명
/																	
/																	
/																	
/																	
/																	
/																	
/																	
/																	
/																	
/																	
/																	
/																	
/																	
/																	
/																	
계																	
누계																	

초경량 비행장치 개인 비행 기록부

① 일자	② 비행 횟수	③ 초경량비행장치							④ 비행 장소	⑤ 비행 시간	⑥ 임무별 비행시간				⑦ 비행목적 (훈련내용)	⑧ 지도조종자		
		종류	형식	신고번호	최종인증 검사일	자체중량 (kg)	최대이륙 중량(kg)			기장	훈련	교관	소계		성명	자격번호	서명
/																	
/																	
/																	
/																	
/																	
/																	
/																	
/																	
/																	
/																	
/																	
/																	
/																	
/																	
/																	
계																	
누계																	

초경량 비행장치 개인 비행 기록부

① 일자	② 비행 횟수	③ 초경량비행장치							④ 비행 장소	⑤ 비행 시간	⑥ 임무별 비행시간				⑦ 비행목적 (훈련내용)	⑧ 지도조종자		
		종류	형식	신고번호	최종인증 검사일	자체중량 (kg)	최대이륙 중량(kg)			기장	훈련	교관	소계		성명	자격번호	서명
/																	
/																	
/																	
/																	
/																	
/																	
/																	
/																	
/																	
/																	
/																	
/																	
/																	
/																	
/																	
계																	
누계																	

초경량 비행장치 개인 비행 기록부

① 일자	② 비행 횟수	③ 초경량비행장치							④ 비행 장소	⑤ 비행 시간	⑥ 임무별 비행시간				⑦ 비행목적 (훈련내용)	⑧ 지도조종자		
		종류	형식	신고번호	최종인증 검사일	자체중량 (kg)	최대이륙 중량(kg)			기장	훈련	교관	소계		성명	자격번호	서명
/																	
/																	
/																	
/																	
/																	
/																	
/																	
/																	
/																	
/																	
/																	
/																	
/																	
/																	
계																	
누계																	

초경량 비행장치 개인 비행 기록부

① 일자	② 비행 횟수	③ 초경량비행장치							④ 비행 장소	⑤ 비행 시간	⑥ 임무별 비행시간				⑦ 비행목적 (훈련내용)	⑧ 지도조종자		
		종류	형식	신고번호	최종인증 검사일	자체중량 (kg)	최대이륙 중량(kg)				기장	훈련	교관	소계		성명	자격번호	서명
/																		
/																		
/																		
/																		
/																		
/																		
/																		
/																		
/																		
/																		
/																		
/																		
/																		
/																		
계																		
누계																		

초경량 비행장치 개인 비행 기록부

① 일자	② 비행 횟수	③ 초경량비행장치							④ 비행 장소	⑤ 비행 시간	⑥ 임무별 비행시간				⑦ 비행목적 (훈련내용)	⑧ 지도조종자		
		종류	형식	신고번호	최종인증 검사일	자체중량 (kg)	최대이륙 중량(kg)			기장	훈련	교관	소계		성명	자격번호	서명
/																	
/																	
/																	
/																	
/																	
/																	
/																	
/																	
/																	
/																	
/																	
/																	
/																	
/																	
계																	
누계																	

초경량 비행장치 개인 비행 기록부

① 일자	② 비행 횟수	③ 초경량비행장치						④ 비행 장소	⑤ 비행 시간	⑥ 임무별 비행시간				⑦ 비행목적 (훈련내용)	⑧ 지도조종자		
		종류	형식	신고번호	최종인증 검사일	자체중량 (kg)	최대이륙 중량(kg)			기장	훈련	교관	소계		성명	자격번호	서명
/																	
/																	
/																	
/																	
/																	
/																	
/																	
/																	
/																	
/																	
/																	
/																	
/																	
/																	
계																	
누계																	

초경량 비행장치 개인 비행 기록부

① 일자	② 비행 횟수	③ 초경량비행장치							④ 비행 장소	⑤ 비행 시간	⑥ 임무별 비행시간				⑦ 비행목적 (훈련내용)	⑧ 지도조종자		
		종류	형식	신고번호	최종인증 검사일	자체중량 (kg)	최대이륙 중량(kg)			기장	훈련	교관	소계		성명	자격번호	서명
/																	
/																	
/																	
/																	
/																	
/																	
/																	
/																	
/																	
/																	
/																	
/																	
/																	
/																	
/																	
계																	
누계																	

초경량 비행장치 개인 비행 기록부

① 일자	② 비행 횟수	③ 초경량비행장치							④ 비행 장소	⑤ 비행 시간	⑥ 임무별 비행시간				⑦ 비행목적 (훈련내용)	⑧ 지도조종자		
		종류	형식	신고번호	최종인증 검사일	자체중량 (kg)	최대이륙 중량(kg)				기장	훈련	교관	소계		성명	자격번호	서명
/																		
/																		
/																		
/																		
/																		
/																		
/																		
/																		
/																		
/																		
/																		
/																		
/																		
/																		
/																		
계																		
누계																		

초경량 비행장치 개인 비행 기록부

① 일자	② 비행 횟수	③ 초경량비행장치						④ 비행 장소	⑤ 비행 시간	⑥ 임무별 비행시간				⑦ 비행목적 (훈련내용)	⑧ 지도조종자		
		종류	형식	신고번호	최종인증 검사일	자체중량 (kg)	최대이륙 중량(kg)			기장	훈련	교관	소계		성명	자격번호	서명
/																	
/																	
/																	
/																	
/																	
/																	
/																	
/																	
/																	
/																	
/																	
/																	
/																	
/																	
/																	
계																	
누계																	

초경량 비행장치 개인 비행 기록부

① 일자	② 비행 횟수	③ 초경량비행장치						④ 비행 장소	⑤ 비행 시간	⑥ 임무별 비행시간				⑦ 비행목적 (훈련내용)	⑧ 지도조종자		
		종류	형식	신고번호	최종인증 검사일	자체중량 (kg)	최대이륙 중량(kg)			기장	훈련	교관	소계		성명	자격번호	서명
/																	
/																	
/																	
/																	
/																	
/																	
/																	
/																	
/																	
/																	
/																	
/																	
/																	
/																	
/																	
계																	
누계																	

초경량 비행장치 개인 비행 기록부

① 일자	② 비행 횟수	③ 초경량비행장치						④ 비행 장소	⑤ 비행 시간	⑥ 임무별 비행시간				⑦ 비행목적 (훈련내용)	⑧ 지도조종자		
		종류	형식	신고번호	최종인증 검사일	자체중량 (kg)	최대이륙 중량(kg)			기장	훈련	교관	소계		성명	자격번호	서명
/																	
/																	
/																	
/																	
/																	
/																	
/																	
/																	
/																	
/																	
/																	
/																	
/																	
/																	
계																	
누계																	

초경량 비행장치 개인 비행 기록부

① 일자	② 비행 횟수	③ 초경량비행장치						④ 비행 장소	⑤ 비행 시간	⑥ 임무별 비행시간				⑦ 비행목적 (훈련내용)	⑧ 지도조종자		
		종류	형식	신고번호	최종인증 검사일	자체중량 (kg)	최대이륙 중량(kg)			기장	훈련	교관	소계		성명	자격번호	서명
/																	
/																	
/																	
/																	
/																	
/																	
/																	
/																	
/																	
/																	
/																	
/																	
/																	
/																	
/																	
계																	
누계																	

초경량 비행장치 개인 비행 기록부

① 일자	② 비행 횟수	③ 초경량비행장치						④ 비행 장소	⑤ 비행 시간	⑥ 임무별 비행시간				⑦ 비행목적 (훈련내용)	⑧ 지도조종자		
		종류	형식	신고번호	최종인증 검사일	자체중량 (kg)	최대이륙 중량(kg)			기장	훈련	교관	소계		성명	자격번호	서명
/																	
/																	
/																	
/																	
/																	
/																	
/																	
/																	
/																	
/																	
/																	
/																	
/																	
/																	
/																	
계																	
누계																	

초경량 비행장치 개인 비행 기록부

① 일자	② 비행 횟수	③ 초경량비행장치						④ 비행 장소	⑤ 비행 시간	⑥ 임무별 비행시간				⑦ 비행목적 (훈련내용)	⑧ 지도조종자		
		종류	형식	신고번호	최종인증 검사일	자체중량 (kg)	최대이륙 중량(kg)			기장	훈련	교관	소계		성명	자격번호	서명
/																	
/																	
/																	
/																	
/																	
/																	
/																	
/																	
/																	
/																	
/																	
/																	
/																	
/																	
/																	
계																	
누계																	

초경량 비행장치 개인 비행 기록부

① 일자	② 비행 횟수	③ 초경량비행장치							④ 비행 장소	⑤ 비행 시간	⑥ 임무별 비행시간				⑦ 비행목적 (훈련내용)	⑧ 지도조종자		
		종류	형식	신고번호	최종인증 검사일	자체중량 (kg)	최대이륙 중량(kg)			기장	훈련	교관	소계		성명	자격번호	서명
/																	
/																	
/																	
/																	
/																	
/																	
/																	
/																	
/																	
/																	
/																	
/																	
/																	
/																	
/																	
계																	
누계																	

초경량 비행장치 개인 비행 기록부

① 일자	② 비행 횟수	③ 초경량비행장치							④ 비행 장소	⑤ 비행 시간	⑥ 임무별 비행시간				⑦ 비행목적 (훈련내용)	⑧ 지도조종자		
		종류	형식	신고번호	최종인증 검사일	자체중량 (kg)	최대이륙 중량(kg)			기장	훈련	교관	소계		성명	자격번호	서명
/																	
/																	
/																	
/																	
/																	
/																	
/																	
/																	
/																	
/																	
/																	
/																	
/																	
/																	
/																	
계																	
누계																	

초경량 비행장치 개인 비행 기록부

① 일자	② 비행 횟수	③ 초경량비행장치						④ 비행 장소	⑤ 비행 시간	⑥ 임무별 비행시간				⑦ 비행목적 (훈련내용)	⑧ 지도조종자		
		종류	형식	신고번호	최종인증 검사일	자체중량 (kg)	최대이륙 중량(kg)			기장	훈련	교관	소계		성명	자격번호	서명
/																	
/																	
/																	
/																	
/																	
/																	
/																	
/																	
/																	
/																	
/																	
/																	
/																	
/																	
계																	
누계																	

초경량 비행장치 개인 비행 기록부

① 일자	② 비행 횟수	③ 초경량비행장치							④ 비행 장소	⑤ 비행 시간	⑥ 임무별 비행시간				⑦ 비행목적 (훈련내용)	⑧ 지도조종자		
		종류	형식	신고번호	최종인증 검사일	자체중량 (kg)	최대이륙 중량(kg)			기장	훈련	교관	소계		성명	자격번호	서명
/																	
/																	
/																	
/																	
/																	
/																	
/																	
/																	
/																	
/																	
/																	
/																	
/																	
/																	
/																	
계																	
누계																	

초경량 비행장치 개인 비행 기록부

① 일자	② 비행 횟수	③ 초경량비행장치						④ 비행 장소	⑤ 비행 시간	⑥ 임무별 비행시간				⑦ 비행목적 (훈련내용)	⑧ 지도조종자		
		종류	형식	신고번호	최종인증 검사일	자체중량 (kg)	최대이륙 중량(kg)			기장	훈련	교관	소계		성명	자격번호	서명
/																	
/																	
/																	
/																	
/																	
/																	
/																	
/																	
/																	
/																	
/																	
/																	
/																	
/																	
계																	
누계																	

초경량 비행장치 개인 비행 기록부

① 일자	② 비행 횟수	③ 초경량비행장치							④ 비행 장소	⑤ 비행 시간	⑥ 임무별 비행시간				⑦ 비행목적 (훈련내용)	⑧ 지도조종자		
		종류	형식	신고번호	최종인증 검사일	자체중량 (kg)	최대이륙 중량(kg)			기장	훈련	교관	소계		성명	자격번호	서명
/																	
/																	
/																	
/																	
/																	
/																	
/																	
/																	
/																	
/																	
/																	
/																	
/																	
/																	
계																	
누계																	

초경량 비행장치 개인 비행 기록부

① 일자	② 비행 횟수	③ 초경량비행장치							④ 비행 장소	⑤ 비행 시간	⑥ 임무별 비행시간				⑦ 비행목적 (훈련내용)	⑧ 지도조종자		
		종류	형식	신고번호	최종인증 검사일	자체중량 (kg)	최대이륙 중량(kg)			기장	훈련	교관	소계		성명	자격번호	서명
/																	
/																	
/																	
/																	
/																	
/																	
/																	
/																	
/																	
/																	
/																	
/																	
/																	
/																	
/																	
계																	
누계																	

초경량 비행장치 개인 비행 기록부

① 일자	② 비행 횟수	③ 초경량비행장치						④ 비행 장소	⑤ 비행 시간	⑥ 임무별 비행시간				⑦ 비행목적 (훈련내용)	⑧ 지도조종자		
		종류	형식	신고번호	최종인증 검사일	자체중량 (kg)	최대이륙 중량(kg)			기장	훈련	교관	소계		성명	자격번호	서명
/																	
/																	
/																	
/																	
/																	
/																	
/																	
/																	
/																	
/																	
/																	
/																	
/																	
/																	
/																	
계																	
누계																	

초경량 비행장치 개인 비행 기록부

① 일자	② 비행 횟수	③ 초경량비행장치							④ 비행 장소	⑤ 비행 시간	⑥ 임무별 비행시간				⑦ 비행목적 (훈련내용)	⑧ 지도조종자		
		종류	형식	신고번호	최종인증 검사일	자체중량 (kg)	최대이륙 중량(kg)			기장	훈련	교관	소계		성명	자격번호	서명
/																	
/																	
/																	
/																	
/																	
/																	
/																	
/																	
/																	
/																	
/																	
/																	
/																	
/																	
/																	
계																	
누계																	

초경량 비행장치 개인 비행 기록부

① 일자	② 비행 횟수	③ 초경량비행장치							④ 비행 장소	⑤ 비행 시간	⑥ 임무별 비행시간				⑦ 비행목적 (훈련내용)	⑧ 지도조종자		
		종류	형식	신고번호	최종인증 검사일	자체중량 (kg)	최대이륙 중량(kg)				기장	훈련	교관	소계		성명	자격번호	서명
/																		
/																		
/																		
/																		
/																		
/																		
/																		
/																		
/																		
/																		
/																		
/																		
/																		
/																		
/																		
계																		
누계																		

초경량 비행장치 개인 비행 기록부

① 일자	② 비행 횟수	③ 초경량비행장치							④ 비행 장소	⑤ 비행 시간	⑥ 임무별 비행시간				⑦ 비행목적 (훈련내용)	⑧ 지도조종자		
		종류	형식	신고번호	최종인증 검사일	자체중량 (kg)	최대이륙 중량(kg)				기장	훈련	교관	소계		성명	자격번호	서명
/																		
/																		
/																		
/																		
/																		
/																		
/																		
/																		
/																		
/																		
/																		
/																		
/																		
/																		
/																		
계																		
누계																		

초경량 비행장치 개인 비행 기록부

① 일자	② 비행 횟수	③ 초경량비행장치						④ 비행 장소	⑤ 비행 시간	⑥ 임무별 비행시간				⑦ 비행목적 (훈련내용)	⑧ 지도조종자		
		종류	형식	신고번호	최종인증 검사일	자체중량 (kg)	최대이륙 중량(kg)			기장	훈련	교관	소계		성명	자격번호	서명
/																	
/																	
/																	
/																	
/																	
/																	
/																	
/																	
/																	
/																	
/																	
/																	
/																	
/																	
/																	
계																	
누계																	

초경량 비행장치 개인 비행 기록부

① 일자	② 비행 횟수	③ 초경량비행장치							④ 비행 장소	⑤ 비행 시간	⑥ 임무별 비행시간				⑦ 비행목적 (훈련내용)	⑧ 지도조종자		
		종류	형식	신고번호	최종인증 검사일	자체중량 (kg)	최대이륙 중량(kg)				기장	훈련	교관	소계		성명	자격번호	서명
/																		
/																		
/																		
/																		
/																		
/																		
/																		
/																		
/																		
/																		
/																		
/																		
/																		
/																		
/																		
계																		
누계																		

초경량 비행장치 개인 비행 기록부

① 일자	② 비행 횟수	③ 초경량비행장치							④ 비행 장소	⑤ 비행 시간	⑥ 임무별 비행시간				⑦ 비행목적 (훈련내용)	⑧ 지도조종자		
		종류	형식	신고번호	최종인증 검사일	자체중량 (kg)	최대이륙 중량(kg)			기장	훈련	교관	소계		성명	자격번호	서명
/																	
/																	
/																	
/																	
/																	
/																	
/																	
/																	
/																	
/																	
/																	
/																	
/																	
/																	
/																	
계																	
누계																	

초경량 비행장치 개인 비행 기록부

① 일자	② 비행 횟수	③ 초경량비행장치						④ 비행 장소	⑤ 비행 시간	⑥ 임무별 비행시간				⑦ 비행목적 (훈련내용)	⑧ 지도조종자		
		종류	형식	신고번호	최종인증 검사일	자체중량 (kg)	최대이륙 중량(kg)			기장	훈련	교관	소계		성명	자격번호	서명
/																	
/																	
/																	
/																	
/																	
/																	
/																	
/																	
/																	
/																	
/																	
/																	
/																	
/																	
/																	
계																	
누계																	

초경량 비행장치 개인 비행 기록부

① 일자	② 비행 횟수	③ 초경량비행장치						④ 비행 장소	⑤ 비행 시간	⑥ 임무별 비행시간				⑦ 비행목적 (훈련내용)	⑧ 지도조종자		
		종류	형식	신고번호	최종인증 검사일	자체중량 (kg)	최대이륙 중량(kg)			기장	훈련	교관	소계		성명	자격번호	서명
/																	
/																	
/																	
/																	
/																	
/																	
/																	
/																	
/																	
/																	
/																	
/																	
/																	
/																	
/																	
계																	
누계																	

초경량 비행장치 개인 비행 기록부

① 일자	② 비행 횟수	③ 초경량비행장치						④ 비행 장소	⑤ 비행 시간	⑥ 임무별 비행시간				⑦ 비행목적 (훈련내용)	⑧ 지도조종자		
		종류	형식	신고번호	최종인증 검사일	자체중량 (kg)	최대이륙 중량(kg)			기장	훈련	교관	소계		성명	자격번호	서명
/																	
/																	
/																	
/																	
/																	
/																	
/																	
/																	
/																	
/																	
/																	
/																	
/																	
/																	
/																	
계																	
누계																	

초경량 비행장치 개인 비행 기록부

① 일자	② 비행 횟수	③ 초경량비행장치							④ 비행 장소	⑤ 비행 시간	⑥ 임무별 비행시간				⑦ 비행목적 (훈련내용)	⑧ 지도조종자		
		종류	형식	신고번호	최종인증 검사일	자체중량 (kg)	최대이륙 중량(kg)			기장	훈련	교관	소계		성명	자격번호	서명
/																	
/																	
/																	
/																	
/																	
/																	
/																	
/																	
/																	
/																	
/																	
/																	
/																	
/																	
/																	
계																	
누계																	

초경량 비행장치 개인 비행 기록부

① 일자	② 비행 횟수	③ 초경량비행장치							④ 비행 장소	⑤ 비행 시간	⑥ 임무별 비행시간				⑦ 비행목적 (훈련내용)	⑧ 지도조종자		
		종류	형식	신고번호	최종인증 검사일	자체중량 (kg)	최대이륙 중량(kg)				기장	훈련	교관	소계		성명	자격번호	서명
/																		
/																		
/																		
/																		
/																		
/																		
/																		
/																		
/																		
/																		
/																		
/																		
/																		
/																		
/																		
계																		
누계																		

초경량 비행장치 개인 비행 기록부

① 일자	② 비행 횟수	③ 초경량비행장치						④ 비행 장소	⑤ 비행 시간	⑥ 임무별 비행시간				⑦ 비행목적 (훈련내용)	⑧ 지도조종자		
		종류	형식	신고번호	최종인증 검사일	자체중량 (kg)	최대이륙 중량(kg)			기장	훈련	교관	소계		성명	자격번호	서명
/																	
/																	
/																	
/																	
/																	
/																	
/																	
/																	
/																	
/																	
/																	
/																	
/																	
/																	
/																	
계																	
누계																	

초경량 비행장치 개인 비행 기록부

① 일자	② 비행 횟수	③ 초경량비행장치						④ 비행 장소	⑤ 비행 시간	⑥ 임무별 비행시간				⑦ 비행목적 (훈련내용)	⑧ 지도조종자		
		종류	형식	신고번호	최종인증 검사일	자체중량 (kg)	최대이륙 중량(kg)			기장	훈련	교관	소계		성명	자격번호	서명
/																	
/																	
/																	
/																	
/																	
/																	
/																	
/																	
/																	
/																	
/																	
/																	
/																	
/																	
/																	
계																	
누계																	

초경량 비행장치 개인 비행 기록부

① 일자	② 비행 횟수	③ 초경량비행장치							④ 비행 장소	⑤ 비행 시간	⑥ 임무별 비행시간				⑦ 비행목적 (훈련내용)	⑧ 지도조종자		
		종류	형식	신고번호	최종인증 검사일	자체중량 (kg)	최대이륙 중량(kg)			기장	훈련	교관	소계		성명	자격번호	서명
/																	
/																	
/																	
/																	
/																	
/																	
/																	
/																	
/																	
/																	
/																	
/																	
/																	
/																	
/																	
계																	
누계																	

초경량 비행장치 개인 비행 기록부

① 일자	② 비행 횟수	③ 초경량비행장치						④ 비행 장소	⑤ 비행 시간	⑥ 임무별 비행시간				⑦ 비행목적 (훈련내용)	⑧ 지도조종자		
		종류	형식	신고번호	최종인증 검사일	자체중량 (kg)	최대이륙 중량(kg)			기장	훈련	교관	소계		성명	자격번호	서명
/																	
/																	
/																	
/																	
/																	
/																	
/																	
/																	
/																	
/																	
/																	
/																	
/																	
/																	
/																	
계																	
누계																	

초경량 비행장치 개인 비행 기록부

① 일자	② 비행 횟수	③ 초경량비행장치						④ 비행 장소	⑤ 비행 시간	⑥ 임무별 비행시간				⑦ 비행목적 (훈련내용)	⑧ 지도조종자		
		종류	형식	신고번호	최종인증 검사일	자체중량 (kg)	최대이륙 중량(kg)			기장	훈련	교관	소계		성명	자격번호	서명
/																	
/																	
/																	
/																	
/																	
/																	
/																	
/																	
/																	
/																	
/																	
/																	
/																	
/																	
/																	
계																	
누계																	

초경량 비행장치 개인 비행 기록부

① 일자	② 비행 횟수	③ 초경량비행장치						④ 비행 장소	⑤ 비행 시간	⑥ 임무별 비행시간				⑦ 비행목적 (훈련내용)	⑧ 지도조종자		
		종류	형식	신고번호	최종인증 검사일	자체중량 (kg)	최대이륙 중량(kg)			기장	훈련	교관	소계		성명	자격번호	서명
/																	
/																	
/																	
/																	
/																	
/																	
/																	
/																	
/																	
/																	
/																	
/																	
/																	
/																	
/																	
계																	
누계																	

초경량 비행장치 개인 비행 기록부

① 일자	② 비행 횟수	③ 초경량비행장치						④ 비행 장소	⑤ 비행 시간	⑥ 임무별 비행시간				⑦ 비행목적 (훈련내용)	⑧ 지도조종자		
		종류	형식	신고번호	최종인증 검사일	자체중량 (kg)	최대이륙 중량(kg)			기장	훈련	교관	소계		성명	자격번호	서명
/																	
/																	
/																	
/																	
/																	
/																	
/																	
/																	
/																	
/																	
/																	
/																	
/																	
/																	
/																	
계																	
누계																	

초경량 비행장치 개인 비행 기록부

① 일자	② 비행 횟수	③ 초경량비행장치							④ 비행 장소	⑤ 비행 시간	⑥ 임무별 비행시간				⑦ 비행목적 (훈련내용)	⑧ 지도조종자		
		종류	형식	신고번호	최종인증 검사일	자체중량 (kg)	최대이륙 중량(kg)			기장	훈련	교관	소계		성명	자격번호	서명
/																	
/																	
/																	
/																	
/																	
/																	
/																	
/																	
/																	
/																	
/																	
/																	
/																	
/																	
계																	
누계																	

초경량 비행장치 개인 비행 기록부

① 일자	② 비행 횟수	③ 초경량비행장치							④ 비행 장소	⑤ 비행 시간	⑥ 임무별 비행시간				⑦ 비행목적 (훈련내용)	⑧ 지도조종자		
		종류	형식	신고번호	최종인증 검사일	자체중량 (kg)	최대이륙 중량(kg)			기장	훈련	교관	소계		성명	자격번호	서명
/																	
/																	
/																	
/																	
/																	
/																	
/																	
/																	
/																	
/																	
/																	
/																	
/																	
/																	
/																	
계																	
누계																	

초경량 비행장치 개인 비행 기록부

① 일자	② 비행 횟수	③ 초경량비행장치						④ 비행 장소	⑤ 비행 시간	⑥ 임무별 비행시간				⑦ 비행목적 (훈련내용)	⑧ 지도조종자		
		종류	형식	신고번호	최종인증 검사일	자체중량 (kg)	최대이륙 중량(kg)			기장	훈련	교관	소계		성명	자격번호	서명
/																	
/																	
/																	
/																	
/																	
/																	
/																	
/																	
/																	
/																	
/																	
/																	
/																	
/																	
계																	
누계																	

초경량 비행장치 개인 비행 기록부

① 일자	② 비행 횟수	③ 초경량비행장치							④ 비행 장소	⑤ 비행 시간	⑥ 임무별 비행시간				⑦ 비행목적 (훈련내용)	⑧ 지도조종자		
		종류	형식	신고번호	최종인증 검사일	자체중량 (kg)	최대이륙 중량(kg)				기장	훈련	교관	소계		성명	자격번호	서명
/																		
/																		
/																		
/																		
/																		
/																		
/																		
/																		
/																		
/																		
/																		
/																		
/																		
/																		
/																		
계																		
누계																		

초경량 비행장치 개인 비행 기록부

① 일자	② 비행 횟수	③ 초경량비행장치							④ 비행 장소	⑤ 비행 시간	⑥ 임무별 비행시간				⑦ 비행목적 (훈련내용)	⑧ 지도조종자		
		종류	형식	신고번호	최종인증 검사일	자체중량 (kg)	최대이륙 중량(kg)			기장	훈련	교관	소계		성명	자격번호	서명
/																	
/																	
/																	
/																	
/																	
/																	
/																	
/																	
/																	
/																	
/																	
/																	
/																	
/																	
계																	
누계																	

초경량 비행장치 개인 비행 기록부

① 일자	② 비행 횟수	③ 초경량비행장치							④ 비행 장소	⑤ 비행 시간	⑥ 임무별 비행시간				⑦ 비행목적 (훈련내용)	⑧ 지도조종자		
		종류	형식	신고번호	최종인증 검사일	자체중량 (kg)	최대이륙 중량(kg)				기장	훈련	교관	소계		성명	자격번호	서명
/																		
/																		
/																		
/																		
/																		
/																		
/																		
/																		
/																		
/																		
/																		
/																		
/																		
/																		
계																		
누계																		

초경량 비행장치 개인 비행 기록부

① 일자	② 비행 횟수	③ 초경량비행장치							④ 비행 장소	⑤ 비행 시간	⑥ 임무별 비행시간				⑦ 비행목적 (훈련내용)	⑧ 지도조종자		
		종류	형식	신고번호	최종인증 검사일	자체중량 (kg)	최대이륙 중량(kg)			기장	훈련	교관	소계		성명	자격번호	서명
/																	
/																	
/																	
/																	
/																	
/																	
/																	
/																	
/																	
/																	
/																	
/																	
/																	
/																	
/																	
계																	
누계																	

초경량 비행장치 개인 비행 기록부

① 일자	② 비행 횟수	③ 초경량비행장치						④ 비행 장소	⑤ 비행 시간	⑥ 임무별 비행시간				⑦ 비행목적 (훈련내용)	⑧ 지도조종자		
		종류	형식	신고번호	최종인증 검사일	자체중량 (kg)	최대이륙 중량(kg)			기장	훈련	교관	소계		성명	자격번호	서명
/																	
/																	
/																	
/																	
/																	
/																	
/																	
/																	
/																	
/																	
/																	
/																	
/																	
/																	
/																	
계																	
누계																	

초경량 비행장치 개인 비행 기록부

① 일자	② 비행 횟수	③ 초경량비행장치						④ 비행 장소	⑤ 비행 시간	⑥ 임무별 비행시간				⑦ 비행목적 (훈련내용)	⑧ 지도조종자		
		종류	형식	신고번호	최종인증 검사일	자체중량 (kg)	최대이륙 중량(kg)			기장	훈련	교관	소계		성명	자격번호	서명
/																	
/																	
/																	
/																	
/																	
/																	
/																	
/																	
/																	
/																	
/																	
/																	
/																	
/																	
계																	
누계																	

초경량 비행장치 개인 비행 기록부

① 일자	② 비행 횟수	③ 초경량비행장치							④ 비행 장소	⑤ 비행 시간	⑥ 임무별 비행시간				⑦ 비행목적 (훈련내용)	⑧ 지도조종자		
		종류	형식	신고번호	최종인증 검사일	자체중량 (kg)	최대이륙 중량(kg)				기장	훈련	교관	소계		성명	자격번호	서명
/																		
/																		
/																		
/																		
/																		
/																		
/																		
/																		
/																		
/																		
/																		
/																		
/																		
/																		
계																		
누계																		

초경량 비행장치 개인 비행 기록부

① 일자	② 비행 횟수	③ 초경량비행장치							④ 비행 장소	⑤ 비행 시간	⑥ 임무별 비행시간				⑦ 비행목적 (훈련내용)	⑧ 지도조종자		
		종류	형식	신고번호	최종인증 검사일	자체중량 (kg)	최대이륙 중량(kg)			기장	훈련	교관	소계		성명	자격번호	서명
/																	
/																	
/																	
/																	
/																	
/																	
/																	
/																	
/																	
/																	
/																	
/																	
/																	
/																	
계																	
누계																	

초경량 비행장치 개인 비행 기록부

① 일자	② 비행 횟수	③ 초경량비행장치							④ 비행 장소	⑤ 비행 시간	⑥ 임무별 비행시간				⑦ 비행목적 (훈련내용)	⑧ 지도조종자		
		종류	형식	신고번호	최종인증 검사일	자체중량 (kg)	최대이륙 중량(kg)			기장	훈련	교관	소계		성명	자격번호	서명
/																	
/																	
/																	
/																	
/																	
/																	
/																	
/																	
/																	
/																	
/																	
/																	
/																	
/																	
/																	
계																	
누계																	

초경량 비행장치 개인 비행 기록부

① 일자	② 비행 횟수	③ 초경량비행장치						④ 비행 장소	⑤ 비행 시간	⑥ 임무별 비행시간				⑦ 비행목적 (훈련내용)	⑧ 지도조종자		
		종류	형식	신고번호	최종인증 검사일	자체중량 (kg)	최대이륙 중량(kg)			기장	훈련	교관	소계		성명	자격번호	서명
/																	
/																	
/																	
/																	
/																	
/																	
/																	
/																	
/																	
/																	
/																	
/																	
/																	
/																	
/																	
계																	
누계																	

초경량 비행장치 개인 비행 기록부

① 일자	② 비행 횟수	③ 초경량비행장치							④ 비행 장소	⑤ 비행 시간	⑥ 임무별 비행시간				⑦ 비행목적 (훈련내용)	⑧ 지도조종자		
		종류	형식	신고번호	최종인증 검사일	자체중량 (kg)	최대이륙 중량(kg)			기장	훈련	교관	소계		성명	자격번호	서명
/																	
/																	
/																	
/																	
/																	
/																	
/																	
/																	
/																	
/																	
/																	
/																	
/																	
/																	
/																	
계																	
누계																	

초경량 비행장치 개인 비행 기록부

① 일자	② 비행 횟수	③ 초경량비행장치							④ 비행 장소	⑤ 비행 시간	⑥ 임무별 비행시간				⑦ 비행목적 (훈련내용)	⑧ 지도조종자		
		종류	형식	신고번호	최종인증 검사일	자체중량 (kg)	최대이륙 중량(kg)			기장	훈련	교관	소계		성명	자격번호	서명
/																	
/																	
/																	
/																	
/																	
/																	
/																	
/																	
/																	
/																	
/																	
/																	
/																	
/																	
/																	
계																	
누계																	

초경량 비행장치 개인 비행 기록부

① 일자	② 비행 횟수	③ 초경량비행장치						④ 비행 장소	⑤ 비행 시간	⑥ 임무별 비행시간				⑦ 비행목적 (훈련내용)	⑧ 지도조종자		
		종류	형식	신고번호	최종인증 검사일	자체중량 (kg)	최대이륙 중량(kg)			기장	훈련	교관	소계		성명	자격번호	서명
/																	
/																	
/																	
/																	
/																	
/																	
/																	
/																	
/																	
/																	
/																	
/																	
/																	
/																	
/																	
계																	
누계																	

초경량 비행장치 개인 비행 기록부

① 일자	② 비행 횟수	③ 초경량비행장치							④ 비행 장소	⑤ 비행 시간	⑥ 임무별 비행시간					⑦ 비행목적 (훈련내용)	⑧ 지도조종자		
		종류	형식	신고번호	최종인증 검사일	자체중량 (kg)	최대이륙 중량(kg)			기장	훈련	교관	소계		성명	자격번호	서명
/																	
/																	
/																	
/																	
/																	
/																	
/																	
/																	
/																	
/																	
/																	
/																	
/																	
/																	
계																	
누계																	

초경량 비행장치 개인 비행 기록부

① 일자	② 비행 횟수	③ 초경량비행장치							④ 비행 장소	⑤ 비행 시간	⑥ 임무별 비행시간				⑦ 비행목적 (훈련내용)	⑧ 지도조종자		
		종류	형식	신고번호	최종인증 검사일	자체중량 (kg)	최대이륙 중량(kg)				기장	훈련	교관	소계		성명	자격번호	서명
/																		
/																		
/																		
/																		
/																		
/																		
/																		
/																		
/																		
/																		
/																		
/																		
/																		
/																		
/																		
계																		
누계																		

초경량 비행장치 개인 비행 기록부

① 일자	② 비행 횟수	③ 초경량비행장치							④ 비행 장소	⑤ 비행 시간	⑥ 임무별 비행시간				⑦ 비행목적 (훈련내용)	⑧ 지도조종자		
		종류	형식	신고번호	최종인증 검사일	자체중량 (kg)	최대이륙 중량(kg)			기장	훈련	교관	소계		성명	자격번호	서명
/																	
/																	
/																	
/																	
/																	
/																	
/																	
/																	
/																	
/																	
/																	
/																	
/																	
/																	
/																	
계																	
누계																	

초경량 비행장치 개인 비행 기록부

① 일자	② 비행 횟수	③ 초경량비행장치							④ 비행 장소	⑤ 비행 시간	⑥ 임무별 비행시간				⑦ 비행목적 (훈련내용)	⑧ 지도조종자		
		종류	형식	신고번호	최종인증 검사일	자체중량 (kg)	최대이륙 중량(kg)				기장	훈련	교관	소계		성명	자격번호	서명
/																		
/																		
/																		
/																		
/																		
/																		
/																		
/																		
/																		
/																		
/																		
/																		
/																		
/																		
계																		
누계																		

초경량 비행장치 개인 비행 기록부

① 일자	② 비행 횟수	③ 초경량비행장치							④ 비행 장소	⑤ 비행 시간	⑥ 임무별 비행시간				⑦ 비행목적 (훈련내용)	⑧ 지도조종자		
		종류	형식	신고번호	최종인증 검사일	자체중량 (kg)	최대이륙 중량(kg)			기장	훈련	교관	소계		성명	자격번호	서명
/																	
/																	
/																	
/																	
/																	
/																	
/																	
/																	
/																	
/																	
/																	
/																	
/																	
/																	
/																	
계																	
누계																	

초경량 비행장치 개인 비행 기록부

① 일자	② 비행 횟수	③ 초경량비행장치							④ 비행 장소	⑤ 비행 시간	⑥ 임무별 비행시간				⑦ 비행목적 (훈련내용)	⑧ 지도조종자		
		종류	형식	신고번호	최종인증 검사일	자체중량 (kg)	최대이륙 중량(kg)			기장	훈련	교관	소계		성명	자격번호	서명
/																	
/																	
/																	
/																	
/																	
/																	
/																	
/																	
/																	
/																	
/																	
/																	
/																	
/																	
/																	
계																	
누계																	

초경량 비행장치 개인 비행 기록부

① 일자	② 비행 횟수	③ 초경량비행장치							④ 비행 장소	⑤ 비행 시간	⑥ 임무별 비행시간				⑦ 비행목적 (훈련내용)	⑧ 지도조종자		
		종류	형식	신고번호	최종인증 검사일	자체중량 (kg)	최대이륙 중량(kg)			기장	훈련	교관	소계		성명	자격번호	서명
/																	
/																	
/																	
/																	
/																	
/																	
/																	
/																	
/																	
/																	
/																	
/																	
/																	
/																	
/																	
계																	
누계																	

초경량 비행장치 개인 비행 기록부

① 일자	② 비행 횟수	③ 초경량비행장치						④ 비행 장소	⑤ 비행 시간	⑥ 임무별 비행시간				⑦ 비행목적 (훈련내용)	⑧ 지도조종자		
		종류	형식	신고번호	최종인증 검사일	자체중량 (kg)	최대이륙 중량(kg)			기장	훈련	교관	소계		성명	자격번호	서명
/																	
/																	
/																	
/																	
/																	
/																	
/																	
/																	
/																	
/																	
/																	
/																	
/																	
/																	
/																	
계																	
누계																	

초경량 비행장치 개인 비행 기록부

① 일자	② 비행 횟수	③ 초경량비행장치							④ 비행 장소	⑤ 비행 시간	⑥ 임무별 비행시간				⑦ 비행목적 (훈련내용)	⑧ 지도조종자		
		종류	형식	신고번호	최종인증 검사일	자체중량 (kg)	최대이륙 중량(kg)				기장	훈련	교관	소계		성명	자격번호	서명
/																		
/																		
/																		
/																		
/																		
/																		
/																		
/																		
/																		
/																		
/																		
/																		
/																		
/																		
계																		
누계																		

초경량 비행장치 개인 비행 기록부

① 일자	② 비행 횟수	③ 초경량비행장치						④ 비행 장소	⑤ 비행 시간	⑥ 임무별 비행시간				⑦ 비행목적 (훈련내용)	⑧ 지도조종자		
		종류	형식	신고번호	최종인증 검사일	자체중량 (kg)	최대이륙 중량(kg)			기장	훈련	교관	소계		성명	자격번호	서명
/																	
/																	
/																	
/																	
/																	
/																	
/																	
/																	
/																	
/																	
/																	
/																	
/																	
/																	
/																	
계																	
누계																	

초경량 비행장치 개인 비행 기록부

① 일자	② 비행 횟수	③ 초경량비행장치						④ 비행 장소	⑤ 비행 시간	⑥ 임무별 비행시간				⑦ 비행목적 (훈련내용)	⑧ 지도조종자		
		종류	형식	신고번호	최종인증 검사일	자체중량 (kg)	최대이륙 중량(kg)			기장	훈련	교관	소계		성명	자격번호	서명
/																	
/																	
/																	
/																	
/																	
/																	
/																	
/																	
/																	
/																	
/																	
/																	
/																	
/																	
계																	
누계																	

초경량 비행장치 개인 비행 기록부

① 일자	② 비행 횟수	③ 초경량비행장치							④ 비행 장소	⑤ 비행 시간	⑥ 임무별 비행시간				⑦ 비행목적 (훈련내용)	⑧ 지도조종자		
		종류	형식	신고번호	최종인증 검사일	자체중량 (kg)	최대이륙 중량(kg)			기장	훈련	교관	소계		성명	자격번호	서명
/																	
/																	
/																	
/																	
/																	
/																	
/																	
/																	
/																	
/																	
/																	
/																	
/																	
/																	
계																	
누계																	

초경량 비행장치 개인 비행 기록부

① 일자	② 비행 횟수	③ 초경량비행장치						④ 비행 장소	⑤ 비행 시간	⑥ 임무별 비행시간				⑦ 비행목적 (훈련내용)	⑧ 지도조종자		
		종류	형식	신고번호	최종인증 검사일	자체중량 (kg)	최대이륙 중량(kg)			기장	훈련	교관	소계		성명	자격번호	서명
/																	
/																	
/																	
/																	
/																	
/																	
/																	
/																	
/																	
/																	
/																	
/																	
/																	
/																	
/																	
계																	
누계																	

초경량 비행장치 개인 비행 기록부

① 일자	② 비행 횟수	③ 초경량비행장치							④ 비행 장소	⑤ 비행 시간	⑥ 임무별 비행시간				⑦ 비행목적 (훈련내용)	⑧ 지도조종자		
		종류	형식	신고번호	최종인증 검사일	자체중량 (kg)	최대이륙 중량(kg)				기장	훈련	교관	소계		성명	자격번호	서명
/																		
/																		
/																		
/																		
/																		
/																		
/																		
/																		
/																		
/																		
/																		
/																		
/																		
/																		
계																		
누계																		

초경량 비행장치 개인 비행 기록부

① 일자	② 비행 횟수	③ 초경량비행장치							④ 비행 장소	⑤ 비행 시간	⑥ 임무별 비행시간				⑦ 비행목적 (훈련내용)	⑧ 지도조종자		
		종류	형식	신고번호	최종인증 검사일	자체중량 (kg)	최대이륙 중량(kg)				기장	훈련	교관	소계		성명	자격번호	서명
/																		
/																		
/																		
/																		
/																		
/																		
/																		
/																		
/																		
/																		
/																		
/																		
/																		
/																		
/																		
계																		
누계																		

초경량 비행장치 개인 비행 기록부

① 일자	② 비행 횟수	③ 초경량비행장치						④ 비행 장소	⑤ 비행 시간	⑥ 임무별 비행시간				⑦ 비행목적 (훈련내용)	⑧ 지도조종자		
		종류	형식	신고번호	최종인증 검사일	자체중량 (kg)	최대이륙 중량(kg)			기장	훈련	교관	소계		성명	자격번호	서명
/																	
/																	
/																	
/																	
/																	
/																	
/																	
/																	
/																	
/																	
/																	
/																	
/																	
/																	
계																	
누계																	

초경량 비행장치 개인 비행 기록부

① 일자	② 비행 횟수	③ 초경량비행장치							④ 비행 장소	⑤ 비행 시간	⑥ 임무별 비행시간				⑦ 비행목적 (훈련내용)	⑧ 지도조종자		
		종류	형식	신고번호	최종인증 검사일	자체중량 (kg)	최대이륙 중량(kg)				기장	훈련	교관	소계		성명	자격번호	서명
/																		
/																		
/																		
/																		
/																		
/																		
/																		
/																		
/																		
/																		
/																		
/																		
/																		
/																		
계																		
누계																		

초경량 비행장치 개인 비행 기록부

① 일자	② 비행 횟수	③ 초경량비행장치							④ 비행 장소	⑤ 비행 시간	⑥ 임무별 비행시간				⑦ 비행목적 (훈련내용)	⑧ 지도조종자		
		종류	형식	신고번호	최종인증 검사일	자체중량 (kg)	최대이륙 중량(kg)				기장	훈련	교관	소계		성명	자격번호	서명
/																		
/																		
/																		
/																		
/																		
/																		
/																		
/																		
/																		
/																		
/																		
/																		
/																		
/																		
/																		
계																		
누계																		

초경량 비행장치 개인 비행 기록부

① 일자	② 비행 횟수	③ 초경량비행장치						④ 비행 장소	⑤ 비행 시간	⑥ 임무별 비행시간				⑦ 비행목적 (훈련내용)	⑧ 지도조종자		
		종류	형식	신고번호	최종인증 검사일	자체중량 (kg)	최대이륙 중량(kg)			기장	훈련	교관	소계		성명	자격번호	서명
/																	
/																	
/																	
/																	
/																	
/																	
/																	
/																	
/																	
/																	
/																	
/																	
/																	
/																	
/																	
계																	
누계																	

초경량 비행장치 개인 비행 기록부

① 일자	② 비행 횟수	③ 초경량비행장치							④ 비행 장소	⑤ 비행 시간	⑥ 임무별 비행시간				⑦ 비행목적 (훈련내용)	⑧ 지도조종자		
		종류	형식	신고번호	최종인증 검사일	자체중량 (kg)	최대이륙 중량(kg)			기장	훈련	교관	소계		성명	자격번호	서명
/																	
/																	
/																	
/																	
/																	
/																	
/																	
/																	
/																	
/																	
/																	
/																	
/																	
/																	
/																	
계																	
누계																	

초경량 비행장치 개인 비행 기록부

① 일자	② 비행 횟수	③ 초경량비행장치						④ 비행 장소	⑤ 비행 시간	⑥ 임무별 비행시간				⑦ 비행목적 (훈련내용)	⑧ 지도조종자		
		종류	형식	신고번호	최종인증 검사일	자체중량 (kg)	최대이륙 중량(kg)			기장	훈련	교관	소계		성명	자격번호	서명
/																	
/																	
/																	
/																	
/																	
/																	
/																	
/																	
/																	
/																	
/																	
/																	
/																	
/																	
계																	
누계																	

초경량 비행장치 개인 비행 기록부

① 일자	② 비행 횟수	③ 초경량비행장치							④ 비행 장소	⑤ 비행 시간	⑥ 임무별 비행시간				⑦ 비행목적 (훈련내용)	⑧ 지도조종자		
		종류	형식	신고번호	최종인증 검사일	자체중량 (kg)	최대이륙 중량(kg)				기장	훈련	교관	소계		성명	자격번호	서명
/																		
/																		
/																		
/																		
/																		
/																		
/																		
/																		
/																		
/																		
/																		
/																		
/																		
/																		
/																		
계																		
누계																		

초경량 비행장치 개인 비행 기록부

① 일자	② 비행 횟수	③ 초경량비행장치							④ 비행 장소	⑤ 비행 시간	⑥ 임무별 비행시간				⑦ 비행목적 (훈련내용)	⑧ 지도조종자		
		종류	형식	신고번호	최종인증 검사일	자체중량 (kg)	최대이륙 중량(kg)			기장	훈련	교관	소계		성명	자격번호	서명
/																	
/																	
/																	
/																	
/																	
/																	
/																	
/																	
/																	
/																	
/																	
/																	
/																	
/																	
계																	
누계																	

초경량 비행장치 개인 비행 기록부

① 일자	② 비행횟수	③ 초경량비행장치							④ 비행장소	⑤ 비행시간	⑥ 임무별 비행시간				⑦ 비행목적 (훈련내용)	⑧ 지도조종자		
		종류	형식	신고번호	최종인증검사일	자체중량(kg)	최대이륙중량(kg)				기장	훈련	교관	소계		성명	자격번호	서명
/																		
/																		
/																		
/																		
/																		
/																		
/																		
/																		
/																		
/																		
/																		
/																		
/																		
/																		
계																		
누계																		

초경량 비행장치 개인 비행 기록부

① 일자	② 비행 횟수	③ 초경량비행장치						④ 비행 장소	⑤ 비행 시간	⑥ 임무별 비행시간				⑦ 비행목적 (훈련내용)	⑧ 지도조종자		
		종류	형식	신고번호	최종인증 검사일	자체중량 (kg)	최대이륙 중량(kg)			기장	훈련	교관	소계		성명	자격번호	서명
/																	
/																	
/																	
/																	
/																	
/																	
/																	
/																	
/																	
/																	
/																	
/																	
/																	
/																	
계																	
누계																	

초경량 비행장치 개인 비행 기록부

① 일자	② 비행 횟수	③ 초경량비행장치							④ 비행 장소	⑤ 비행 시간	⑥ 임무별 비행시간				⑦ 비행목적 (훈련내용)	⑧ 지도조종자		
		종류	형식	신고번호	최종인증 검사일	자체중량 (kg)	최대이륙 중량(kg)			기장	훈련	교관	소계		성명	자격번호	서명
/																	
/																	
/																	
/																	
/																	
/																	
/																	
/																	
/																	
/																	
/																	
/																	
/																	
/																	
/																	
계																	
누계																	

초경량 비행장치 개인 비행 기록부

① 일자	② 비행 횟수	③ 초경량비행장치						④ 비행 장소	⑤ 비행 시간	⑥ 임무별 비행시간				⑦ 비행목적 (훈련내용)	⑧ 지도조종자		
		종류	형식	신고번호	최종인증 검사일	자체중량 (kg)	최대이륙 중량(kg)			기장	훈련	교관	소계		성명	자격번호	서명
/																	
/																	
/																	
/																	
/																	
/																	
/																	
/																	
/																	
/																	
/																	
/																	
/																	
/																	
/																	
계																	
누계																	

초경량 비행장치 개인 비행 기록부

① 일자	② 비행 횟수	③ 초경량비행장치							④ 비행 장소	⑤ 비행 시간	⑥ 임무별 비행시간				⑦ 비행목적 (훈련내용)	⑧ 지도조종자		
		종류	형식	신고번호	최종인증 검사일	자체중량 (kg)	최대이륙 중량(kg)			기장	훈련	교관	소계		성명	자격번호	서명
/																	
/																	
/																	
/																	
/																	
/																	
/																	
/																	
/																	
/																	
/																	
/																	
/																	
/																	
/																	
계																	
누계																	

초경량 비행장치 개인 비행 기록부

① 일자	② 비행 횟수	③ 초경량비행장치							④ 비행 장소	⑤ 비행 시간	⑥ 임무별 비행시간				⑦ 비행목적 (훈련내용)	⑧ 지도조종자		
		종류	형식	신고번호	최종인증 검사일	자체중량 (kg)	최대이륙 중량(kg)			기장	훈련	교관	소계		성명	자격번호	서명
/																	
/																	
/																	
/																	
/																	
/																	
/																	
/																	
/																	
/																	
/																	
/																	
/																	
/																	
/																	
계																	
누계																	

초경량 비행장치 개인 비행 기록부

① 일자	② 비행 횟수	③ 초경량비행장치						④ 비행 장소	⑤ 비행 시간	⑥ 임무별 비행시간				⑦ 비행목적 (훈련내용)	⑧ 지도조종자		
		종류	형식	신고번호	최종인증 검사일	자체중량 (kg)	최대이륙 중량(kg)			기장	훈련	교관	소계		성명	자격번호	서명
/																	
/																	
/																	
/																	
/																	
/																	
/																	
/																	
/																	
/																	
/																	
/																	
/																	
/																	
/																	
계																	
누계																	

초경량 비행장치 개인 비행 기록부

① 일자	② 비행 횟수	③ 초경량비행장치							④ 비행 장소	⑤ 비행 시간	⑥ 임무별 비행시간				⑦ 비행목적 (훈련내용)	⑧ 지도조종자		
		종류	형식	신고번호	최종인증 검사일	자체중량 (kg)	최대이륙 중량(kg)				기장	훈련	교관	소계		성명	자격번호	서명
/																		
/																		
/																		
/																		
/																		
/																		
/																		
/																		
/																		
/																		
/																		
/																		
/																		
/																		
/																		
계																		
누계																		

초경량 비행장치 개인 비행 기록부

① 일자	② 비행 횟수	③ 초경량비행장치							④ 비행 장소	⑤ 비행 시간	⑥ 임무별 비행시간				⑦ 비행목적 (훈련내용)	⑧ 지도조종자		
		종류	형식	신고번호	최종인증 검사일	자체중량 (kg)	최대이륙 중량(kg)			기장	훈련	교관	소계		성명	자격번호	서명
/																	
/																	
/																	
/																	
/																	
/																	
/																	
/																	
/																	
/																	
/																	
/																	
/																	
/																	
/																	
계																	
누계																	

초경량 비행장치 개인 비행 기록부

① 일자	② 비행 횟수	③ 초경량비행장치						④ 비행 장소	⑤ 비행 시간	⑥ 임무별 비행시간				⑦ 비행목적 (훈련내용)	⑧ 지도조종자		
		종류	형식	신고번호	최종인증 검사일	자체중량 (kg)	최대이륙 중량(kg)			기장	훈련	교관	소계		성명	자격번호	서명
/																	
/																	
/																	
/																	
/																	
/																	
/																	
/																	
/																	
/																	
/																	
/																	
/																	
/																	
/																	
계																	
누계																	

초경량 비행장치 개인 비행 기록부

① 일자	② 비행 횟수	③ 초경량비행장치						④ 비행 장소	⑤ 비행 시간	⑥ 임무별 비행시간				⑦ 비행목적 (훈련내용)	⑧ 지도조종자		
		종류	형식	신고번호	최종인증 검사일	자체중량 (kg)	최대이륙 중량(kg)			기장	훈련	교관	소계		성명	자격번호	서명
/																	
/																	
/																	
/																	
/																	
/																	
/																	
/																	
/																	
/																	
/																	
/																	
/																	
/																	
/																	
계																	
누계																	

초경량 비행장치 개인 비행 기록부

① 일자	② 비행 횟수	③ 초경량비행장치						④ 비행 장소	⑤ 비행 시간	⑥ 임무별 비행시간				⑦ 비행목적 (훈련내용)	⑧ 지도조종자		
		종류	형식	신고번호	최종인증 검사일	자체중량 (kg)	최대이륙 중량(kg)			기장	훈련	교관	소계		성명	자격번호	서명
/																	
/																	
/																	
/																	
/																	
/																	
/																	
/																	
/																	
/																	
/																	
/																	
/																	
/																	
계																	
누계																	

초경량 비행장치 개인 비행 기록부

① 일자	② 비행 횟수	③ 초경량비행장치							④ 비행 장소	⑤ 비행 시간	⑥ 임무별 비행시간				⑦ 비행목적 (훈련내용)	⑧ 지도조종자		
		종류	형식	신고번호	최종인증 검사일	자체중량 (kg)	최대이륙 중량(kg)			기장	훈련	교관	소계		성명	자격번호	서명
/																	
/																	
/																	
/																	
/																	
/																	
/																	
/																	
/																	
/																	
/																	
/																	
/																	
/																	
/																	
계																	
누계																	

초경량 비행장치 개인 비행 기록부

① 일자	② 비행 횟수	③ 초경량비행장치							④ 비행 장소	⑤ 비행 시간	⑥ 임무별 비행시간				⑦ 비행목적 (훈련내용)	⑧ 지도조종자		
		종류	형식	신고번호	최종인증 검사일	자체중량 (kg)	최대이륙 중량(kg)			기장	훈련	교관	소계		성명	자격번호	서명
/																	
/																	
/																	
/																	
/																	
/																	
/																	
/																	
/																	
/																	
/																	
/																	
/																	
/																	
/																	
계																	
누계																	

초경량 비행장치 개인 비행 기록부

① 일자	② 비행 횟수	③ 초경량비행장치							④ 비행 장소	⑤ 비행 시간	⑥ 임무별 비행시간				⑦ 비행목적 (훈련내용)	⑧ 지도조종자		
		종류	형식	신고번호	최종인증 검사일	자체중량 (kg)	최대이륙 중량(kg)			기장	훈련	교관	소계		성명	자격번호	서명
/																	
/																	
/																	
/																	
/																	
/																	
/																	
/																	
/																	
/																	
/																	
/																	
/																	
/																	
/																	
계																	
누계																	

초경량 비행장치 개인 비행 기록부

① 일자	② 비행 횟수	③ 초경량비행장치							④ 비행 장소	⑤ 비행 시간	⑥ 임무별 비행시간				⑦ 비행목적 (훈련내용)	⑧ 지도조종자		
		종류	형식	신고번호	최종인증 검사일	자체중량 (kg)	최대이륙 중량(kg)				기장	훈련	교관	소계		성명	자격번호	서명
/																		
/																		
/																		
/																		
/																		
/																		
/																		
/																		
/																		
/																		
/																		
/																		
/																		
/																		
계																		
누계																		

초경량 비행장치 개인 비행 기록부

① 일자	② 비행 횟수	③ 초경량비행장치							④ 비행 장소	⑤ 비행 시간	⑥ 임무별 비행시간				⑦ 비행목적 (훈련내용)	⑧ 지도조종자		
		종류	형식	신고번호	최종인증 검사일	자체중량 (kg)	최대이륙 중량(kg)				기장	훈련	교관	소계		성명	자격번호	서명
/																		
/																		
/																		
/																		
/																		
/																		
/																		
/																		
/																		
/																		
/																		
/																		
/																		
/																		
계																		
누계																		

초경량 비행장치 개인 비행 기록부

① 일자	② 비행 횟수	③ 초경량비행장치							④ 비행 장소	⑤ 비행 시간	⑥ 임무별 비행시간				⑦ 비행목적 (훈련내용)	⑧ 지도조종자		
		종류	형식	신고번호	최종인증 검사일	자체중량 (kg)	최대이륙 중량(kg)			기장	훈련	교관	소계		성명	자격번호	서명
/																	
/																	
/																	
/																	
/																	
/																	
/																	
/																	
/																	
/																	
/																	
/																	
/																	
/																	
/																	
계																	
누계																	

초경량 비행장치 개인 비행 기록부

① 일자	② 비행 횟수	③ 초경량비행장치							④ 비행 장소	⑤ 비행 시간	⑥ 임무별 비행시간				⑦ 비행목적 (훈련내용)	⑧ 지도조종자		
		종류	형식	신고번호	최종인증 검사일	자체중량 (kg)	최대이륙 중량(kg)				기장	훈련	교관	소계		성명	자격번호	서명
/																		
/																		
/																		
/																		
/																		
/																		
/																		
/																		
/																		
/																		
/																		
/																		
/																		
/																		
계																		
누계																		

초경량 비행장치 개인 비행 기록부

① 일자	② 비행 횟수	③ 초경량비행장치							④ 비행 장소	⑤ 비행 시간	⑥ 임무별 비행시간				⑦ 비행목적 (훈련내용)	⑧ 지도조종자		
		종류	형식	신고번호	최종인증 검사일	자체중량 (kg)	최대이륙 중량(kg)			기장	훈련	교관	소계		성명	자격번호	서명
/																	
/																	
/																	
/																	
/																	
/																	
/																	
/																	
/																	
/																	
/																	
/																	
/																	
/																	
계																	
누계																	

초경량 비행장치 개인 비행 기록부

① 일자	② 비행 횟수	③ 초경량비행장치							④ 비행 장소	⑤ 비행 시간	⑥ 임무별 비행시간				⑦ 비행목적 (훈련내용)	⑧ 지도조종자		
		종류	형식	신고번호	최종인증 검사일	자체중량 (kg)	최대이륙 중량(kg)				기장	훈련	교관	소계		성명	자격번호	서명
/																		
/																		
/																		
/																		
/																		
/																		
/																		
/																		
/																		
/																		
/																		
/																		
/																		
/																		
계																		
누계																		

초경량 비행장치 개인 비행 기록부

① 일자	② 비행 횟수	③ 초경량비행장치						④ 비행 장소	⑤ 비행 시간	⑥ 임무별 비행시간				⑦ 비행목적 (훈련내용)	⑧ 지도조종자		
		종류	형식	신고번호	최종인증 검사일	자체중량 (kg)	최대이륙 중량(kg)			기장	훈련	교관	소계		성명	자격번호	서명
/																	
/																	
/																	
/																	
/																	
/																	
/																	
/																	
/																	
/																	
/																	
/																	
/																	
/																	
/																	
계																	
누계																	

초경량 비행장치 개인 비행 기록부

① 일자	② 비행 횟수	③ 초경량비행장치						④ 비행 장소	⑤ 비행 시간	⑥ 임무별 비행시간				⑦ 비행목적 (훈련내용)	⑧ 지도조종자		
		종류	형식	신고번호	최종인증 검사일	자체중량 (kg)	최대이륙 중량(kg)			기장	훈련	교관	소계		성명	자격번호	서명
/																	
/																	
/																	
/																	
/																	
/																	
/																	
/																	
/																	
/																	
/																	
/																	
/																	
/																	
/																	
계																	
누계																	

초경량 비행장치 개인 비행 기록부

초 판 발 행 | 2016년 12월 5일
개정증보 2쇄발행 | 2021년 2월 10일

지 은 이 | 박장환 (아세아무인항공교육원 교육원장)
발 행 인 | 김길현
발 행 처 | ㈜골든벨
I S B N | 979-11-5806-194-4
가   격 | 10,000원

ⓤ140-846 서울특별시 용산구 원효로 245(원효로 1가 53-1) 골든벨빌딩 5~6F
• TEL : 영업부 02-713-4135 / 편집부 02-713-7452
• FAX : 02-718-5510   • http : // www.gbbook.co.kr   • E-mail : 7134135@ naver.com

이 책에서 내용의 일부 또는 도해를 다음과 같은 행위자들이 사전 승인없이 인용할 경우에는 저작권법 제93조 「손해배상청구권」에 적용 받습니다.
① 단순히 공부할 목적으로 부분 또는 전체를 복제하여 사용하는 학생 또는 복사업자
② 공공기관 및 사설교육기관(학원, 인정직업학교), 단체 등에서 영리를 목적으로 복제·배포하는 대표 또는 당해 교육자
③ 디스크 복사 및 기타 정보 재생 시스템을 이용하여 사용하는 자

※ 파본은 구입하신 서점에서 교환해 드립니다.